BEI GRIN MACHT SICH IHR WISSEN BEZAHLT

- Wir veröffentlichen Ihre Hausarbeit,
  Bachelor- und Masterarbeit

- Ihr eigenes eBook und Buch -
  weltweit in allen wichtigen Shops

- Verdienen Sie an jedem Verkauf

Jetzt bei www.GRIN.com hochladen und kostenlos publizieren

Bibliografische Information der Deutschen Nationalbibliothek:

Die Deutsche Bibliothek verzeichnet diese Publikation in der Deutschen National-
bibliografie; detaillierte bibliografische Daten sind im Internet über http://dnb.d-
nb.de/ abrufbar.

Impressum:

Copyright © 2016 GRIN Verlag, Open Publishing GmbH
Druck und Bindung: Books on Demand GmbH, Norderstedt Germany
ISBN: 9783668325678

Dieses Buch bei GRIN:

http://www.grin.com/de/e-book/338635/geometrische-koerper-kennenlernen-
bauen-eines-wuerfel-kantenmodells-und

Anna Rezmer

Geometrische Körper kennenlernen. Bauen eines Würfel-Kantenmodells und Erarbeiten seiner Eigenschaften zur „Ecke" und „Kante" (Mathematik 2. Klasse Grundschule)

GRIN Verlag

Unterrichtsentwurf

für den Prüfungsunterricht

im Fach Mathematik

Thema der Unterrichtseinheit: Geometrische Körper kennenlernen

Thema der Unterrichtsstunde: Bauen eines Kantenmodells eines Würfels und Erarbeiten seiner Eigenschaften zur „Ecke" und „Kante"

Stellung der Stunde in der Unterrichtseinheit:

1.	Kennenlernen der geometrischen Körper (Würfel, Quader, Kugel), kategoriesuchendes Ordnen und Sortieren	1 St.
2.	Sortieren der geometrischen Körper (Würfel, Quader, Kugel) nach ihren Eigenschaften (rollt, kippt)	1 St.
3.	Geometrische Körper in der Umwelt benennen und wiederfinden	1 St.
4.	Einführung der Begriffe „Ecke", „Kante", „Fläche"	1 St.
5.	**Bauen eines Kantenmodells eines Würfels und Erarbeiten seiner Eigenschaften zur „Ecke" und „Kante"**	**1 St.**
6.	Bauen mehrerer Kantenmodelle eines Quaders – Experimentieren mit den Kantenmodellen der Würfel (Vergleich ihrer Eigenschaften der „Ecken" und „Kanten")	1 St.
7.	Erarbeitung der geometrischen Grundformen (Quadrat, Rechteck) mit Hilfe von Würfel- bzw. Quaderspuren	1 St.

Inhalt

1. Zielsetzung 3

   1.1. Zentrale Kompetenzen laut Kerncurriculum 3

      1.1.1. Inhaltsbezogener Kompetenzbereich 3

      1.1.2. Prozessbezogener Kompetenzbereich 3

   1.2. Zielformulierung 4

      1.2.1. Unterrichtsziel 4

      1.2.2. Teillernziele 4

2. Verlaufsplanung 5

3. Zur Sachstruktur des Lerngegenstandes 7

4. Ziel-/ Inhaltsentscheidungen 8

5. Analyse der zentralen Aufgabenstellung 10

6. Unterrichtsprägende methodische Entscheidungen 11

7. Anhang 13

   7.1. Literaturverzeichnis 13

      7.1.1. Rechtliche Vorgaben 13

      7.1.2. Fachdidaktische und fachmethodische Literatur 13

   7.2. Tafelbild 14

   7.3. Dokumentation der eigensetzten Medien 15

      7.3.1. Steckbrief 15

      7.3.2. Poster Steckbrief (Sicherung) 15

      7.3.3. Zusatzaufgaben 16

      7.3.4. Tische der verschiedenen Gruppen 19

1.1.1. Inhaltsbezogener Kompetenzbereich

Raum und Form
Körper und ebene Figuren:
Die Schülerinnen und Schüler (im Folgenden durch „SuS" abgekürzt)

- … stellen einfache Modelle von Körpern her und sortieren die geometrischen Körper Würfel, Quader, […] nach Eigenschaften […].[2]

- *… sortieren geometrische Formen, beschreiben sie mit den Fachbegriffen (Ecken, […], Kanten, Flächen […]).[3]*

1.1.2. Prozessbezogener Kompetenzbereich

Kommunizieren und Argumentieren:
Die SuS

- … verwenden eingeführte mathematische Fachbegriffe sachgerecht, beschreiben mathematische Sachverhalte mit eigenen Worten und entdecken und beschreiben mathematische Zusammenhänge.[4]

Darstellen/Didaktisches Material verwenden:
Die SuS

- … wählen und nutzen geeignete Veranschaulichungsmittel für das Bearbeiten mathematischer Aufgaben.[5]

---

[1] Niedersächsisches Kerncurriculum 2006
[2] vgl. ebenda, S. 27.
[3] vgl. ebenda, S. 27. Erwartete Kompetenzen am Ende des Schuljahrgangs 4
[4] vgl. ebenda, S. 15.
[5] vgl. ebenda, S. 16.

1.2.1. Unterrichtsziel

Die SuS erarbeiten die Eigenschaften der Ecken und Kanten eines Würfels, indem sie den geometrischen Körper als Kantenmodell bauen.

1.2.2. Teillernziele

Die SuS…

TLZ 1: … erkennen das Steckprinzip dreier Strohhalme an einem Verbindungsstück, indem sie das Material untersuchen, beschreiben und mit ihm experimentieren.

TLZ 2: … nutzen die gewonnene Materialkenntnis, ihr räumliches Vorstellungsvermögen und Vorwissen über den Würfel um die Anzahl der Strohhalme und Verbindungsstücke zum Bau eines Würfels zu erschließen und ein Kantenmodell daraus herzustellen.

TLZ 3: … wählen Strohhalme gleicher Länge und die passende Anzahl der Verbindungsstücke und verbinden das Material zum Kantenmodell eines Würfels.

TLZ 4: … bearbeiten den Steckbrief, indem sie die durch den Modellbau gewonnenen Erkenntnisse über die „Ecken" und „Kanten" eines Würfels darauf notieren um sie abzusichern.

TLZ 6: … präsentieren ihre Erkenntnisse über die Anzahl und Längen der verwendeten Strohhalme sowie die Anzahl der Verbindungsstücke, die zum Bau eines Würfelmodells benötigt werden.

TLZ 7: … verbalisieren die Eigenschaften der „Ecken" und „Kanten" eines Kantenmodells.

TLZ 8: … erkennen, dass sich die Anzahl der Ecken und Kanten bei Größenveränderung des Würfels nicht ändert.

Einige SuS…

TLZ 5: … bearbeiten die Zusatzaufgaben, indem sie die erworbenen Kenntnisse über den Würfel zum Bau eines weiteren Kantenmodells nutzen und dadurch ihre räumliche Orientierung aufbauen und schulen.

2. Verlaufsplanung

Zeit	TZ	Phase	Unterrichtsschritte/Aufgabenstellungen/Arbeits- und Aktionsformen	Sozial- und Organisationsform	Medien / Material
10:45 - 10:46 (1')		Begrüßung	• LiVD[6] begrüßt die SuS[7] und die Prüfungskommission • LiVD zeigt auf das Stundenziel ➔ ein(e) S.[8] liest das Stundenziel vor: „Wir bauen ein Würfelmodell."	Klassenverband, s. Sitzordnung (s. Anhang, S. 15)	Verlaufskarten
10:47 - 10:52 (5')	TZ 1	Einstieg	• LiVD hält zwei Gegenstände hoch (Strohhalm, Verbindungsstück) und bittet eine(n) S. nach vorn zu kommen sich diese anzuschauen und damit zu experimentieren ➔ ein(e) S. kommt nach vorn und versucht diese zu beschreiben, LiVD ergänzt die Begriffe „Strohhalm" und „Verbindungsstück" ➔ S. erkennt, dass man den Strohhalm auf das Verbindungsstück stecken kann ➔ S. erkennt, dass drei Strohhalme auf ein dreibeiniges Verbindungsstück gesteckt werden können, LiVD gibt ggf. Frageimpuls ➔ LiVD gibt zwei weitere Strohhalme zum Anstecken dazu ➔ S. steckt beide Strohhalme auf das Verbindungsstück	Frontal, s. Sitzordnung	Kantenmodell, Verbindungsstücke, Strohhalme
10:53 - 11:16 (23')	TZ 2, 3, 4, 5	Arbeitsphase	• LiVD fragt SuS nach dem Ziel des Arbeitsauftrags *„Was denkt ihr, was ihr in dieser Stunde mit diesen Gegenständen machen sollt?"* ➔ SuS nennen das Ziel ein Würfelmodell aus dem vorliegenden Material (Strohhalme und Verbindungsstücke) zu erstellen, LiVD gibt ggf. Frageimpulse • LiVD zeigt auf die Anleitung (s. Anhang, S. 16) an der Tafel und fragt die SuS nach dem Arbeitsablauf ➔ SuS beschreiben den Arbeitsablauf anhand der Anleitung (s. Anhang, S. 16), LiVD hilft ggf.: 1. SuS überlegen sich in Zweiergruppen, wie viele Verbindungsstücke und Strohhalme sie für ein Würfelmodell benötigen (LiVD gibt den zusätzlichen Hinweis unterschiedlich langer farbiger Strohhalme, indem sie zwei farbige Strohhalme hoch und nebeneinander hält) 2. Abholen des vorher bestimmten Materialbedarfs vom „Materialtisch" (s. Anhang, S. 21-22) 3. Ausfüllen des Steckbriefes 4. <u>Zusatzaufgabe:</u> Bearbeitung des Zusatzblattes von dem „Materialtisch" (s. Anhang, S. 18-19) ➔ LiVD nennt die Partnerarbeit bzw. Gruppenarbeit (eine 3er-Gruppe) (s. Anhang, S. 15) • LiVD startet die Arbeitsphase und stellt die Uhr • LiVD beendet die Arbeitsphase	Partnerarbeit, s. Sitzordnung .	Strohhalme, Verbindungsstücke, Holzwürfel, Anleitung, Zusatzblätter, Holzwürfel

---

[6] LiVD = Lehreranwärtin im Vorbereitungsdienst
[7] SuS = Schülerinnen und Schüler
[8] S. = Schülerin bzw. Schüler

| 11:17 – 11:27 (10') | TZ 6, 7, 8 | Siche-rung | <ul><li>Stiller Impuls: LiVD zeichnet an der Tafel einen Kreis und bittet SuS nacheinander in den Sitzkreis</li><li>LiVD lobt die Würfelmodelle und bittet ein Team sein Modell eines Würfels zu zeigen
→ ein Team bringt sein Würfelmodell in den Sitzkreis</li><li>Stiller Impuls: LiVD zeigt den Steckbrief als Poster und zeigt auf die erste Linie (Anzahl Kanten)
→ SuS nennen die Anzahl der Kanten: 12
→ LiVD bittet diese am Modell zu zeigen
→ SuS zeigen auf die Strohhalme
→ LiVD notiert das Ergebnis auf dem Poster (Steckbrief)(s. Anhang, S.17)</li><li>Stiller Impuls: LiVD zeigt auf die zweite Linie (Anzahl Ecken)
→ SuS nennen die Anzahl der Ecken: 8
→ LiVD bittet diese am Modell zu zeigen
→ SuS zeigen auf die Verbindungsstücke im Modell
→ LiVD notiert das Ergebnis auf dem Poster</li><li>LiVD zeigt auf die unterste Linie auf dem Poster (Beantwortung der Kantenlänge)
→ SuS antworten, dass sie alle gleich lang sind
→ LiVD notiert die Antwort auf dem Poster</li><li>LiVD bittet ein weiteres Partnerteam einen Würfel anderer Kantenlänge vorzustellen</li><li>LiVD fragt, ob diese Erkenntnisse ebenfalls auf das zweite Würfelmodell übertragbar sind
→ SuS bestätigen die Eigenschaften der „Ecken" und „Kanten" des Würfels und erläutern diese</li></ul>- ***bei Zeitüberschuss***: LiVD legt unterschiedliche Strohhalmlängen in der Mitte des Kreises
→ SuS nutzen die gewonnen Erkenntnisse, um zu entscheiden, ob ein Würfelmodell mit dem Material gebaut werden kann und
→ SuS nennen die mögliche Anzahl zu bauender Würfelmodelle | Sitzkreis | Poster, zwei Wür-felmodel-le, Schil-der |
| 11:28 – 11:30 (2') | | Schluss | <ul><li>Aufräumen
→ SuS erhalten unterschiedliche Aufgaben
→verbliebene Verbindungsstücke und Strohhalme werden zurück in die Brotdosen und in einen Korb gelegt
→Kantenmodelle werden auf einen Tisch gestellt
→ Zusatzblätter und Fächer auf das Pult gelegt</li><li>Verabschiedung</li></ul> | Frontal, s. Sitzordnung | Kasten |

3. Zur Sachstruktur des Lerngegenstandes

Die **Geometrie** ist ein Teilgebiet der Mathematik, das sich mit „Ausdehnung, Form und Lage von ebenen und räumlichen Figuren befasst."[9] Die Geometrie der ebenen Gebilde heißt Planimetrie, die der körperlichen Gebilde Stereometrie.[10]

In der Grundschule werden geometrische Begriffe nach dem Inhalt in Begriffe für ebene und räumliche Objekte oder nach logischen Gesichtspunkten in Objekt-, Eigenschafts- und Relationsbegriffe unterteilt.[11] In der vorliegenden Unterrichtsstunde sind allerdings nur Objekt- und Eigenschaftsbegriffe relevant. Objektbegriffe umfassen die ebenen und räumlichen Objekte, die durch konkrete Gegenstände oder Modelle repräsentiert werden.[12] Sie stehen für eine Klasse von Elementen, die gemeinsame Eigenschaften besitzen. Eigenschaftsbegriffe werden zum Definieren von weiteren Begriffen benutzt, „indem ein Oberbegriff durch Festlegung von Eigenschaften wieder in Klassen unterteilt wird."[13] In der Grundschule werden die Begriffe „Ecke", „Kante", und „Fläche" lediglich als Eigenschaftsbegriffe verwendet, nicht als Objektbegriffe.[14]

Ein **geometrischer Körper** ist „eine allseitig von endlich vielen ebenen oder gekrümmten Flächen begrenzte, nicht flächenhafte Teilmenge des Raumes einschließlich der begrenzten Flächenstücke."[15] Die Begrenzungsflächen bilden dabei zusammen die Oberfläche. Durch ebene Flächen begrenzte Körper werden als Polyeder bezeichnet (z.B. Quader, Würfel), während von einer gekrümmten Fläche beispielsweise die Kugel begrenzt ist. Die Berührungslinie zweier Seitenflächen ist die Kante, ihre Endpunkte sind die Ecken des Körpers, an denen drei oder mehr Flächen bzw. Kanten zusammentreffen.[16] Der **Würfel** besteht aus 6 kongruenten quadratischen Flächen, hat 8 Ecken und 12 Kanten.[17] Jede Fläche ist rechtwinklig zu jeder ihrer vier Nachbarflächen und jeweils drei Kanten treffen rechtwinklig in einer Ecke zusammen. Zudem ist der Würfel aufgrund seiner Ähnlichkeit zum Quader als eine Sonderform dessen zu bezeichnen.[18]

Es gibt drei Arten von **Modellen geometrischer Körper**: das Flächenmodell, das Vollmodell und das Kantenmodell.[19] Ein Kantenmodell ist eine Darstellung eines Objektes nur durch die es begrenzenden Kanten. Sie verdeutlichen die Dreidimensionalität von Körpern, sodass insbesondere die Längen, Breiten und Höhen besser wahrgenommen werden können. Kantenmodelle eignen sich besonders für die Erarbeitung der Anzahl der Kanten und Ecken eines Körpers, zeigen aber auch die Länge der Kanten.[20] Sie erhalten ihre Stabilität lediglich durch die Ecken und Kanten.[21]

---

[9] vgl. Maras *et al.* 2008, S. 243.
[10] vgl. Lexikon-Instistut Bertelsmann: Bertelsmann Universallexikon. S. 304.
[11] vgl. Franke 2007, S. 243.
[12] vgl. Maras *et al.* 2008, S. 243.
[13] vgl. Franke 2007, S. S. 78
[14] vgl. ebenda, S. 78f..
[15] vgl. Engesser 1986 , S.461.
[16] vgl. Gellert *et al.* 1974, S. 218.
[17] vgl. Franke 2007, S. 135.
[18] vgl. Gottwald 1995, S. 202
[19] vgl. Franke 2007, S. 135,
[20] vgl. ebenda, S. 137.
[21] vgl. Radatz, Rickmeyer 1999, S. 115.

Für den Bau der Kantenmodelle können folgende Materialien verwendet werden: Knete und Holzstäbe bzw. Strohhalme oder Papier.[22] In der Unterrichtsstunde wird das Material von Roylco „Straws and Connectors" benutzt, welches sich aus Strohhalmen und Plastik-Verbindungsstücken zusammensetzt. Durch das Steckprinzip der Strohhalme und ihrer Verbindungsstücke sind Kantenmodelle leicht zu bauen und erhalten im Gegensatz zu den oben genannten Materialien die nötige Stabilität. Die SuS können je nach vorgegebenem Material unterschiedlich große Würfel bauen (s. Abb.1). Mit Hilfe der verschiedenen Strohhalmfarben können die unterschiedlichen Längen verdeutlicht werden.[23]

Bevor die SuS mit dem Bau eines Kantenmodells beginnen, müssen sie sich zum Einsatz des vorliegenden Materials für den Bau des Kantenmodells eines Würfels Gedanken machen. Die dafür erforderliche Raumvorstellung und Kopfgeometrie wird hierbei geschult. Sobald die SuS ein räumliches Vorstellungsbild des Körpers entwickelt haben, denken sie über die Anzahl der Verbindungsstücke und Strohhalme nach. Zusätzlich entscheiden sie sich für eine einheitliche Strohhalmlänge, sodass ihnen das Bild eines Würfels mit gleich langen Kanten bewusst wird.

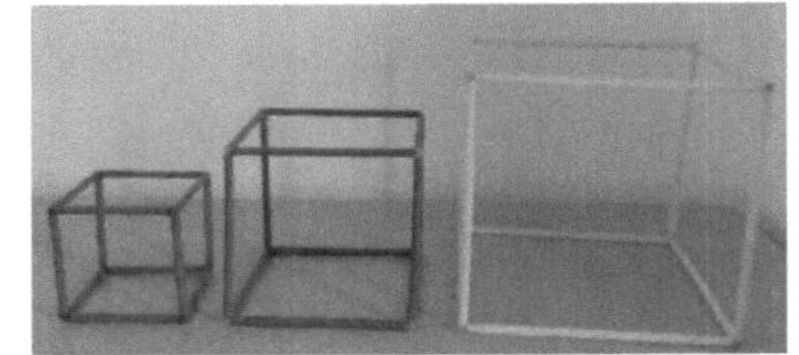

Abb.1: Das Kantenmodell des Würfels im Größenvergleich

4. Ziel-/ Inhaltsentscheidungen

Nach dem niedersächsischen Kerncurriculum lässt sich das Thema der Unterrichtsstunde dem inhaltsbezogenen Kompetenzbereich „Raum und Form" zuzuordnen.[24] Damit wird nicht nur der konkret handelnde und gedankliche Umgang mit den geometrischen Körpern, sondern auch die Kommunikation angesprochen. Die SuS sollen am Ende des zweiten Schuljahres im Kompetenzbereich „Körper und ebene Figuren" die geometrischen Körper (Würfel, Quader, Kugel) nach Eigenschaften sortieren (z.B. rollt, kippt) und benennen.[25] Insbesondere der Bau von Kantenmodellen bezieht sich auf den Bereich: „Die Schülerinnen und Schüler stellen einfache Modelle von Körpern her."[26] In diesem Zusammenhang werden in die Stunde die Fachbegriffe „Ecken" und „Kanten" eines Würfelmodells mit Ihren Eigenschaften eingebracht, welche die erwarteten Kompetenzen am Ende des Schuljahrgangs 4 darstellen: „Die Schülerinnen und Schüler sortieren geometrische Formen, beschreiben sie mit den Fachbegriffen (Ecken, [...], Kanten, Flächen, [...])".[27] Sie werden aus folgenden Gründen eingeführt und behandelt: Transfer der Begriffe und ihrer Eigenschaften auf bereits behandelte und neue Körper, Möglichkeit der Verbalisierung, Beschreibung und des Vergleichs verschiedener Körper anhand der Begriffe, Bekanntheit der Begriffe in der Umwelt (z.B. „Ecke", „Wasseroberfläche", „Tischkante") sowie Aufnahme der Begriffe in einigen Schulbüchern der zweiten Klasse (z.B. „Zahlenzauber 2" (S. 71), „Das Zahlenbuch 2" (S. 48), „Denken und Rechnen 2" (S. 78), „Leonardo 2" (S. 118)). Im prozessbezogenen Kompe-

---

[22] vgl. Franke 2007, S. 136.
[23] Die roten Strohhalme sind 8,6 cm, die blauen Strohhalme 13,9 cm und die gelben Strohhalme 20,3 cm lang.
[24] vgl. Niedersächsisches Kerncurriculum 2006, S. 27.
[25] vgl. ebenda, S. 27.
[26] vgl. ebenda, S. 27.
[27] vgl. ebenda, S. 27. Erwartete Kompetenzen am Ende des Schuljahrgangs 4.

tenzbereich ist die Unterrichtsstunde dem „Kommunizieren und Argumentieren" einzuordnen: „Die SuS verwenden eingeführte mathematische Fachbegriffe sachgerecht, beschreiben mathematische Sachverhalte mit eigenen Worten und entdecken und beschreiben mathematische Zusammenhänge".[28] Des Weiteren wird der Bereich „Darstellen, Didaktisches Material verwenden" eingebracht, indem die SuS geeignete Veranschaulichungsmittel für das Bearbeiten mathematischer Sachverhalte nutzen.[29]

Die **Entwicklung der Raumvorstellung** gehört zu den grundlegenden Aufgaben des Geometrieunterrichts. Dieser „soll dem Schüler helfen, sich in seiner von Formen, Figuren und Körpern mitbestimmten Umwelt zurechtzufinden"[30] und darüber kommunizieren zu können. Zur Schulung des räumlichen Vorstellungsvermögens lässt sich die **Kopfgeometrie** in den Unterricht einbauen, die alle mündlich im Kopf zu lösenden geometrischen Aufgaben, die das visuelle Wahrnehmungs- und das räumliche Vorstellungsvermögen ausbilden, umfasst.[31] Hinsichtlich Piaget's Stufenfolge sind die Kinder bezüglich ihres Alters der konkret-operationalen Phase (7-11 Jahre) zuzuordnen, in welcher das räumliche Denken zwar an konkrete Vorstellungen gebunden ist, aber sich durch eine größere Beweglichkeit auszeichnet.[32] Nach Maier (1999) lässt sich das räumliche Vorstellungsvermögen vor allem in diesem Zeitraum gut ausbilden und fördern.[33] Nach Radatz und Rickmeyer (1991) können räumliche Lagen gesehen und Körperformen nach ihren Eigenschaften unterschieden werden.[34] Dadurch wird die unerlässliche Bedeutung der Handlungsorientierung im Geometrieunterricht deutlich, damit das Kind von der konkreten Ebene auf die abstraktere bildliche und schließlich auf eine von Handlungen und Bildern losgelöste Ebene gelangen kann.[35] Die Auseinandersetzung mit dieser Thematik im Unterricht vermittelt einen praktischen Nutzen von Geometrie auch in alltäglicher Zukunft der Kinder, wie dem späteren Beruf, damit u.a. Möbel aufgestellt werden können.[36] Ferner soll der Geometrieunterricht Freude am handelnd-entdeckenden und problemorientierten Arbeiten wecken und die allgemeindidaktischen Grundsätze, wie Lernfreude, spielerisches Lernen und Lebensnähe, optimal umsetzen.[37]

Im Rahmen der **didaktischen Reduktion** wird der inhaltliche Schwerpunkt der Stunde auf die handelnde Erarbeitung der Eigenschaften der „Ecken" und „Kanten" eines Würfels gelegt. Da bei der Herstellung der Kantenmodelle nach Augenmaß gearbeitet wird, ist davon auszugehen, dass Parallelität und Rechtwinkligkeit nicht exakt umgesetzt werden können.

Um das Lernziel der geplanten Unterrichtsstunde zu erreichen, werden **qualitative** und **quantitative Differenzierungen** vorgenommen. Die SuS arbeiten leistungshomogen und entsprechend ihrer sozial-kommunikativen Fähigkeiten zusammen (s. Anhang, S. 15). Die qualitative Differenzierung erfolgt in der Arbeitsphase durch die Wahl der Anzahl und Länge der Strohhalme in den

---

[28] vgl. ebenda, S. 15.
[29] vgl. ebenda, S. 16.
[30] vgl. Radatz, Rickmeyer 1991, S. 59.
[31] vgl. Franke, S. 43.
[32] vgl. Radatz, Rickmeyer 1991, S. 11.
[33] vgl. Maier 1999, S. 116.
[34] vgl. Radatz, Rickmeyer 1991, S. 12.
[35] vgl. Maier 1999, S. 88.
[36] vgl. Radatz, Rickmeyer 1991, S. 34.
[37] vgl. ebenda, S. 7.

verschiedenen Partnergruppen. Während sich die Gruppen mit schwächerer und durchschnittlicher mathematischer Leistung zwischen zwei verschiedenen Strohhalmlängen entscheiden müssen, haben die leistungsstarken SuS die Aufgabe zwischen drei Strohhalmlängen zu wählen (s. Anhang, S. 21-22). Dies kann je nach Leistungsvermögen probierend, kognitiv zählend oder mittels einer visuellen Hilfestellung eines Würfels erreicht werden. Zudem wurden für die leistungsschwachen SuS zwei sich in der Länge deutlich unterscheidende Strohhalme gewählt, sodass die kognitive Entscheidung für eine Strohhalmlänge einfacher erscheint. Im Vergleich dazu erhalten die SuS auf durchschnittlichem Leistungsstand eine geringere Längendifferenz der Strohhalme. Ergänzend dazu steht den leistungsschwachen SuS ein „Tipptisch" zur Verfügung, welcher den SuS die Möglichkeit zur visuellen und räumlichen Unterstützung bietet, indem mit einem Holzwürfel und einem unvollständigen Kantenmodell eines Würfels gleicher Größe optisch verglichen werden darf (s. Anhang, S.21). Die quantitative Differenzierung erfolgt durch weitere Zusatzaufgaben, welche unterschiedliche Differenzierungsstufen darstellen (s. Anhang, S. 18-19). Die weiterführende Aufgabe zur Beurteilung der Baumöglichkeiten eines Würfelmodells dient der Anwendung des gefestigten Wissens (s. Anhang, S. 20).

5. Analyse der zentralen Aufgabenstellung

Zentrale Aufgabenstellung	Anspruchsniveau und/oder Anforderungsbereich
Die SuS erarbeiten die Eigenschaften der Ecken und Kanten eines Würfels, indem sie den geometrischen Körper als Kantenmodell bauen.	Die Aufgabenstellung ist dem Anforderungsbereich 2 zuzuordnen, da für das Erstellen eines Würfelmodells vorhandene Kenntnisse über den Würfel verknüpft werden müssen. Zusätzlich muss das vorhandene Begriffsverständnis über „Ecken" und „Kanten" auf das Würfelmodell übertragen und Zusammenhänge bezüglich seiner Eigenschaften hergestellt werden.

Lernschritte	Mögliche Ursachen für inhaltliche Probleme	Konkrete inhaltliche/ methodische Hilfestellungen
Bestimmen der Strohhalmfarbe (Strohhalmlänge) sowie Anzahl der Strohhalme und Verbindungsstücke - Überlegungen und Kommunikation mit den SuS	- SuS wissen nicht, wie ein Würfel aussieht bzw. haben Schwierigkeiten diesen vom Quader zu unterscheiden - SuS können sich nicht für die Anzahl der farbigen Strohhalme und Verbindungsstücke entscheiden	- Vorentlastung durch die vorangegangene Stundenplanung in der Einheit: SuS kennen den Würfel in verschiedenen Größen - Vorentlastung für die leistungsschwachen SuS durch einen „Tipptisch" (s. Anhang, S. 21): SuS haben die Möglichkeit ein unvollständiges Kantenmodell und einen Holzwürfel in derselben Größe anzusehen - Vorentlastung durch die Sozialform der Partner: In sozial-verträglicher Partnerarbeit beraten und unterstützen sich die SuS gegenseitig sowie tauschen ihre kognitiven Gedankenvorgänge kommunikativ aus - Visualisierung der vorhandenen Materialien an der Tischkante – Länge der Strohhalme wird ebenfalls ersichtlich (s. Anhang, S. 21-22)

Bau des Kanten-modells eines Würfels	- SuS haben Schwierigkeiten einen Strohhalm in ein Verbindungsstück einzusetzen	- Vorentlastung: LiVD hat die Strohhalme öfters verwendet, sodass diese im Stecksystem leicht einzusetzen sind
	- SuS bauen ein anderes Modell	- Vorentlastung durch die vorangegangene Stundenplanung in der Einheit: SuS kennen den Würfel in verschiedenen Größen
		- Vorentlastung durch das Material: Das Verbindungsstück wurde im Voraus in ein „Dreibein" geschnitten, sodass wenige Möglichkeiten ausbleiben, ein anderes Modell zu bauen
	- SuS wählen die falsche Anzahl an Material aus bzw. wählen verschiedene Strohhalmlängen	- Möglichkeit des erneuten Gangs zum „Materialtisch" und der Korrektur des Modells
Schreiben des Steckbriefes – Entdecken der Eigenschaften der „Ecken" und „Kanten"	- SuS haben Schwierigkeiten die Begriffe „Ecke" und „Kante" auf das Modell zu übertragen, um ihre Anzahl zu bestimmen	- Vorentlastung durch vorangegangene Unterrichtsstunden: SuS können die „Ecken" und „Kanten" am Würfel erkennen und beschreiben
		- Vorentlastung durch eine bildliche Darstellung: Ein Bild eines Kantenmodells und Holzwürfels in derselben Größe erleichtert die Übertragung der Begriffe auf das Modell

6. Unterrichtsprägende methodische Entscheidungen

In der vorliegenden Unterrichtsstunde kommen verschiedene methodische Entscheidungen zum Einsatz, welche den Aneignungsprozess der SuS unterstützen sollen.

Eine wesentliche methodische Entscheidung zum Erreichen des Lernziels stellt die Auswahl der **Sozialform** während der Arbeitsphase dar. Die Wahl einer leistungshomogenen Partnerzusammensetzung kann den gegenseitigen Lernprozess unterstützen und bereichern.[38] Vor allem durch die Kommunikation unter den SuS gestaltet sich ein Lernprozess als besonders intensiv und effektiv. Die Sozialform erscheint ebenfalls dadurch als sinnvoll, dass die Schüleraktivierung höher ist, da sich alle SuS einbringen müssen. Eine positive Abhängigkeit ergibt sich, weil sich die SuS, bezogen auf das gemeinsame Arbeitsziel verbunden fühlen und individuell dafür verantwortlich sind, dass das Arbeitsziel durch den eigenen Arbeitseinsatz erreicht wird.

Der Schwerpunkt der Unterrichtsstunde hinsichtlich der Zielerreichung liegt in der Arbeitsphase, weshalb diese den längsten Zeitrahmen beinhaltet.

Zur Verdeutlichung der Arbeitsschritte wird in der Vorstellung des Arbeitsablaufs eine **bildliche Anleitung** vorgestellt (s. Anhang, S. 16) und auf ein Arbeitsblatt mit schriftlichem Arbeitsverlauf verzichtet. Während der Arbeitsphase steht den SuS gegenüber ihres Arbeitstisches ein **„Materialtisch"** zur Verfügung (s. Anhang, S. 21-22). Zur Visualisierung der vorhandenen Materialien, insbesondere im Hinblick auf die Strohhalmlängen, wird jeweils ein Materialstück an die Tisch-

---

[38] vgl. Mattes 2011, S. 48.

kanten geklebt (s. Anhang, S. 21-22). Die Darbietung mehrerer Strohhalmlängen soll das handelnd-entdeckende Lernen aktivieren und zum erweiterten Nachdenken über die korrekte Materialauswahl eines Würfelmodells anregen. Auf diese Weise erarbeiten sich die SuS selbstständig die Eigenschaften des Würfels. Die Verbindungsstücke, auf welche die Strohhalme jeweils angesteckt werden können, werden auf jedem Materialtisch nur in einer Farbe (orange oder grün) angeboten. Für die leistungsstärkeren SuS gibt es für die Bearbeitung der Zusatzaufgaben vier weitere Verbindungsstücke. Des Weiteren steht den leistungsschwachen SuS ein **„Tipptisch"** mit einem kleinen Holzwürfel und einem unvollständigen Würfelmodell als kognitive Hilfestellung zur Verfügung (s. Anhang, S. 21). Haben die SuS alle Pflichtaufgaben erledigt, dürfen sie die Zusatzblätter bearbeiten, indem sie ihr erworbenes Wissen über den Bau eines Kantenmodells eines Würfels und über die Eigenschaften der „Ecken" und „Kanten" eines Würfels anwenden und je nach Differenzierungsstufe erweitern können.

Während die Eigenschaften der „Ecken" und „Kanten" eines Würfels auf der enaktiven Ebene durch den aktiv-handelnden Bau eines Modells erarbeitet werden, werden diese auf symbolischer (8 Ecken, 12 Kanten) und ikonischer Ebene (Bild eines Kantenmodells des Würfels) auf einem **Steckbrief** festgehalten (s. Anhang, S. 17).

7. Anhang
7.1. Literaturverzeichnis

7.1.1. Rechtliche Vorgaben

- Niedersächsisches Kultusministerium (Hg.) (2006): Kerncurriculum für die Grundschule Schuljahrgänge 1-4. Mathematik. Hannover: Unidruck.

7.1.2. Fachdidaktische und fachmethodische Literatur

- Engesser, Hermann (1986): Der kleine Duden- Mathematik, Mannheim: Bibliografisches Institut Verlag.
- Franke, Marianne (2007): Didaktik der Geometrie in der Grundschule. Heidelberg: Spektrum Verlag.
- Gellert, Walter; Küstner, Hellwich; Kästner, Gellert (Hg.) (1974): Kleine Enzyklopädie Mathematik, Leipzig: VEB Bibliographisches Institut.
- Gottwald, Siegfried; Kästner, Herbert; Rudolph, Helmut(1995): Meyers kleine Enzyklopädie Mathematik, 6. überarbeitete Auflage, Mannheim: Dudenverlag.
- Maier, Peter H. (1999): Räumliches Vorstellungsvermögen – Ein theoretischer Abriss des Phänomens räumliches Vorstellungsvermögen. Donauwörth: Auer.
- Mattes, Wolfgang (2011): Methoden für den Unterricht, Paderborn: Schöningh.
- Maras, Rainer; Ametsbichler, Josef; Eckert-Kalthoff, Beate (2008): Handbuch für die Unterrichtsgestaltung in der Grundschule, Donauwörth: Auer Verlag.
- Radatz, Hendrik; Rickmeyer, Knut (1991): Handbuch für den Geometrieunterricht an Grundschulen. Hannover: Schroedel Schulbuchverlag.
- Redaktion Schule und Lernen (1999): Schülerduden Mathematik I. Ein Lexikon zur Schulmathematik für das 5. bis 10. Schuljahr. 6. neubearbeitete Aufl. Mannheim: Dudenverlag.
- Rolles, Günther (2010): Basiswissen Schule, Mathematik. Mannheim: Duden Schulbuchverlag.
- Zech, Friedrich (2002): Grundkurs Mathematikdidaktik. Theoretische und praktische Anleitungen für das Lehren und Lernen von Mathematik, 10. Auflage, Weinheim und Basel: Beltz..

Schulbücher:
- Betz, Bettina; Dolenc-Petz, Ruth; Gasteiger, Hedwig; Gehrke, Helga; Ihn-Huber, Petra; Kobr, Ursula; Kraft, Gerti, Kullen, Chrstine; Plankl, Elisabeth; Pütz, Beatrix; Schweden, Karl-Wilhelm (2010): Zahlenzauber 2, Mathematikbuch für die Grundschule, Ausgabe H, München: Oldenburg.
- Eidt, Henner; Lack, Claudia; Lammel, Roswitha; Voß, Eike; Wichmann, Maria (2005): Denken und Rechnen 2, 1. Aufl., Braunschweig: Westermann.
- Mosel-Göbel, Doris; Stein, Martin (2001): Leonardo 2, Mathematik, 1. Aufl. Frankfurt am Main: Diesterweg.
- Wittmann, Erich Chr.; Müller, Gerhard N. (2004): Das Zahlenbuch 2, Schülerbuch, Neubearbeitung, Baden-Württemberg: Klett Verlag.

Einstiegsphase (zugeklappte Tafel)

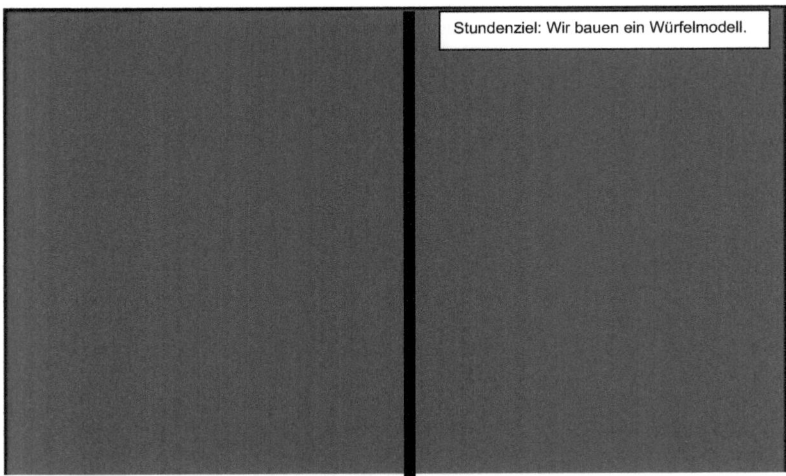

[Methodische Transparenzschilder: http://intern.zaubereinmaleins.de/189/unterrichtsmaterial-klasse-1-4/tagestransparenz.html?tmsp=240933, zuletzt abgerufen am 18.04.16]

Arbeitsphase (Tafelmitte - links aufgeklappt, rechts zugeklappt)

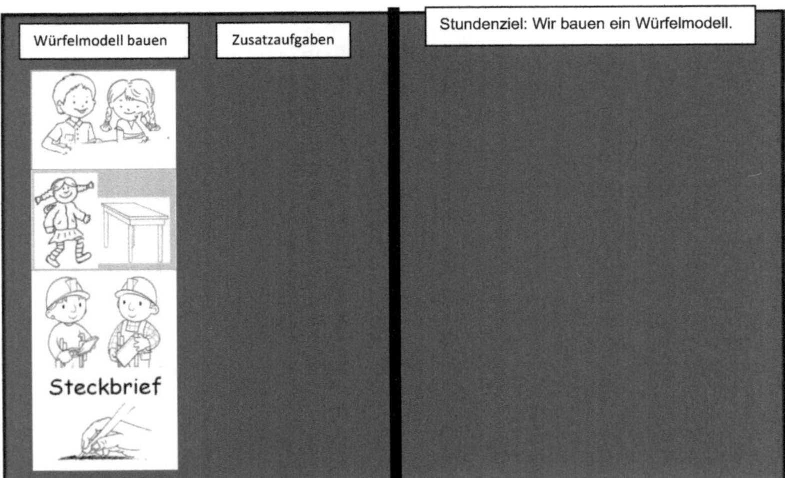

[Clipart Bilder: http://www.clipartsfree.de/clipart-bilder-galerie/kindergarten-bilder-clipart.html, zuletzt abgerufen am 18.04.16]

7.3.1. Steckbrief

7.3.2. Poster Steckbrief (Sicherung)

<h2 style="text-align:center;"><u>Steckbrief Würfel</u></h2>

Der Würfel hat...

___12____ Kanten.

___8____ Ecken.

Die Kanten sind alle________gleich_____________lang.

7.3.3. Zusatzaufgaben

Leistungsschwache Gruppe

<u>Zusatzaufgaben: Würfelmodell bauen</u>

1. Baut ein Würfelmodell mit einer <u>anderen Kantenlänge</u>.

2. Wie viele Ecken und Kanten hat das Modell?

   Ecken:________________   Kanten:___________________

3. Vergleicht beide Würfelmodelle. Ändert sich die Anzahl der Ecken und Kanten? Kreuzt an.

   ☐ Ja   ☐ Nein

Durchschnittlich leistungsstarke Partner

<u>Zusatzaufgaben: Würfelmodell bauen</u>

1. Überlegt, wie viele <u>unterschiedlich</u> große Würfelmodelle ihr noch mit dem Material bauen könnt, <u>ohne</u> zu bauen. Schreibt es auf.

    ____

2. Ändert sich die Anzahl der Ecken und Kanten beim zweiten Würfelmodell? Kreuzt an und baut das Modell.
    ☐ ja   ☐ nein

3. Kreuzt an.

    Umso länger die Kanten sind, desto ☐ kleiner ☐ größer ist das Würfelmodell.

Leistungsstarke Partner

<u>Zusatzaufgaben: Ein weiteres Kantenmodell bauen</u>

1. Stellt euch vor ihr stellt zwei gleich große Würfelmodelle ganz dicht nebeneinander.

<u>Überlegt:</u>

a) Was für ein Modell entsteht? Kreuzt eure Vermutung an.
    ☐ Würfelmodell   ☐ Quadermodell   ☐ Kugelmodell
b) Wie viele <u>unterschiedliche</u> Kantenlängen hat das Modell? Kreuzt eure Vermutung an.
    ☐ 1   ☐ 2   ☐ 3
c) Wie viele Ecken und Kanten hat das Modell? Schreibt eure Vermutung auf.
    Ecken:________________   Kanten:________________

2. Baut ein zweites gleich großes Würfelmodell. Verbindet es mit eurem ersten Würfelmodell mit den gelben Verbindungsstücken. Überprüft eure Vermutungen.

Weitere Zusatzaufgaben (Zusatzaufgabe A+B)

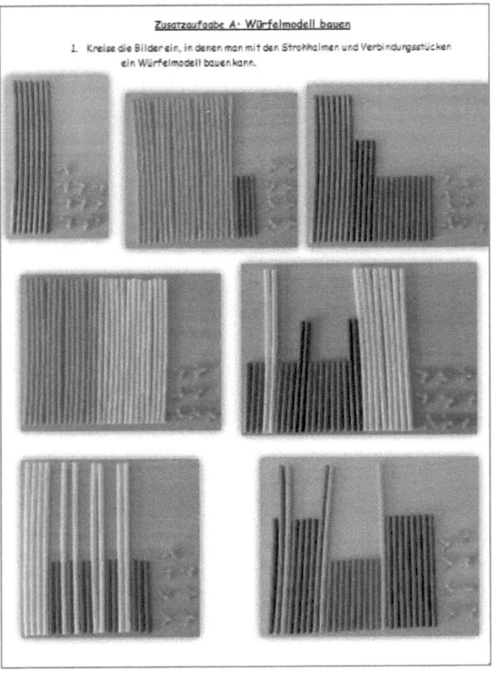

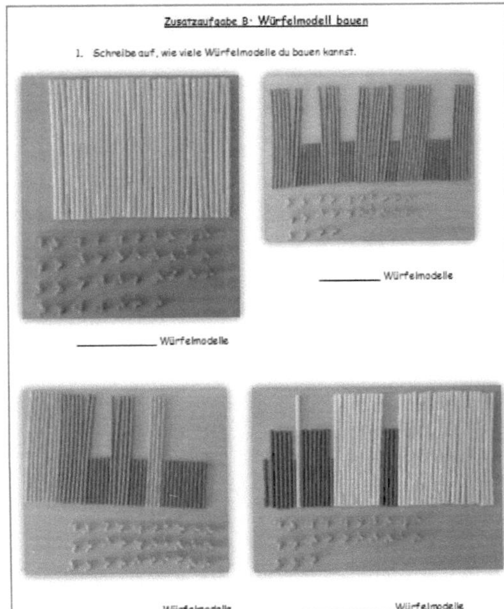

Tipptisch der leistungsschwachen Gruppe: ein unvollständiges Kantenmodell eines Würfels (links) und ein Holzwürfel (rechts)

Materialtisch der leistungsschwachen Gruppe: gelbe und rote Strohhalme, grüne Verbindungsstücke

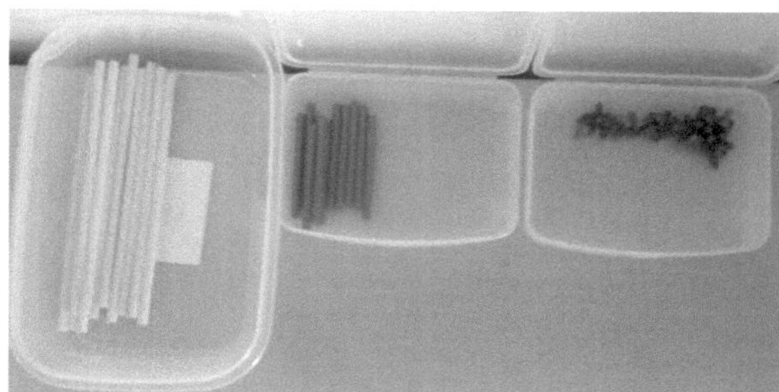

Materialtisch der Gruppen mit durchschnittlicher mathematischer Leistung: blaue und rote Strohhalme, grüne bzw. orange Verbindungsstücke

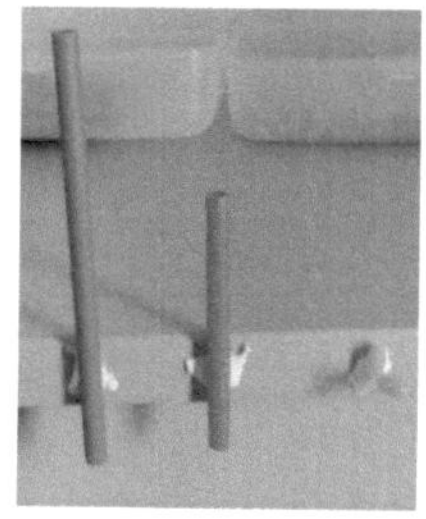

Materialtisch der leistungsstarken Gruppen: gelbe, blaue und rote Strohhalme, orange und gelbe Verbindungsstücke

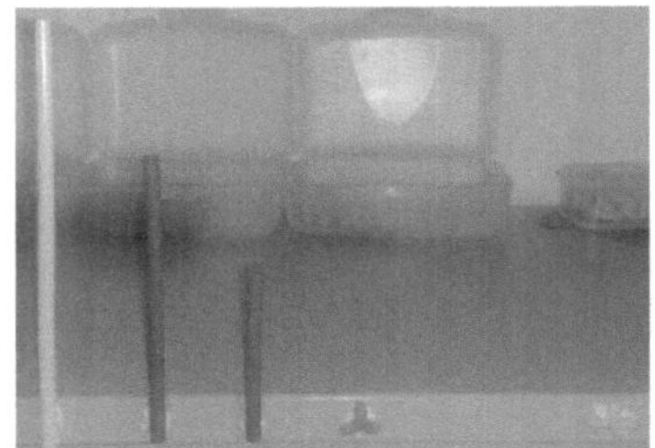

BEI GRIN MACHT SICH IHR WISSEN BEZAHLT

- Wir veröffentlichen Ihre Hausarbeit, Bachelor- und Masterarbeit

- Ihr eigenes eBook und Buch - weltweit in allen wichtigen Shops

- Verdienen Sie an jedem Verkauf

Jetzt bei www.GRIN.com hochladen und kostenlos publizieren